天才孩子超愛問的
十萬個為什麼
動物世界

幼獅文化 / 著
貝貝熊插畫工作室 / 繪

讓科學智慧之光　照亮孩子的美麗夢想

時光如梭，孩子在不知不覺中一天天長大。面對奇妙的大千世界，突然有一天，他會輕輕地拉着你的衣角，眼裏充滿好奇和疑惑，嘴裏蹦出一個又一個「為什麼」。

為什麼睡覺時會做夢？為什麼小狗喜歡伸舌頭？星星是誰掛到天上去的？為什麼花兒會有香味？……大人們習以為常的生活、司空見慣的世界，對於孩子來說，都是那麼新奇和不可思議。他們迫切地想了解這個世界，每一個疑問就像一束智慧的火苗，在他們的心底燃燒。

身為父母的你，如果能珍視孩子的「為什麼」，並耐心地回答，或是和他一起去尋找答案，無疑會使孩子心中的智慧之火燃燒得更加熾熱。

如何用一種合適的方式把科學的知識傳輸給孩子，解除孩子心中一個個小問號，成為了家長和教育者面臨的永恆課題。

20 世紀 60 年代，《十萬個為什麼》曾風靡一時，這一名字已成為科普讀物的代名詞，深深地印在人們的腦海裏。隨着

時代的發展、科學技術的日新月異，已有的知識在不斷更新，當今孩子最想知道的林林總總「為什麼」又會是怎樣的呢？《天才孩子超愛問的十萬個為什麼》叢書滿足了廣大家長和孩子的要求，這是專為學前兒童精心打造的幼兒故事版《十萬個為什麼》。它以全新的理念、嶄新的科學知識和温情故事，帶給小讀者不一樣的全新感受。叢書精心選取了當今孩子最好奇的一些問題，包括動物、植物、天文、地理、奇妙人體和生活常識等各個方面的內容。針對 3 至 6 歲幼兒的認知水準，編者通過設置故事的形式引出問題，並對這些問題作出了準確、顯淺、生動的回答，力求以有趣的插圖、生動的故事、專業的解釋和通俗的語言，為孩子打開科學殿堂的大門。書中的每個問題都融合在有趣的故事裏，一來貼近孩子的視角，二來也有利於父母的講解，讓孩子在感受快樂的同時獲取知識。為了增加孩子的閱讀興趣，書中還有「知識加加油」、「問題考考你」、「謎語猜猜看」等趣味小欄目，大大增添了圖書的可讀性。

祝願孩子們在閱讀《天才孩子超愛問的十萬個為什麼》叢書的過程中，能閃耀出迷人的智慧光芒，照亮他們奇特有趣、豐富多彩的科學探索之路和美麗的童年夢想世界。

中國科普作者協會　少兒科普專業委員會主任

目錄

天才孩子超愛問的十萬個為什麼
動物世界

為什麼強大的恐龍會滅絕？

周末，爸爸帶小偉去參觀恐龍展。

「恐龍的身體真龐大啊！」小偉忍不住感歎道。「是啊！不過在6500萬年前，牠們在地球上突然離奇地滅絕了。」爸爸說。

小偉覺得奇怪：「恐龍曾經稱霸地球，沒有敵人，為什麼會滅絕呢？」爸爸說：「恐龍是怎麼滅絕的，目前主要有兩種推測：一是地球可能與其他星球相撞，使大氣層布滿灰塵。

灰塵遮住了陽光，導致氣温驟降，植物大量死亡，恐龍因缺乏食物和寒冷而滅亡；另一種說法是地球上發生了大規模的火山噴發，火山灰升到大氣層中，產生的結果與星球撞擊地球一樣。」

「啊，好神秘的恐龍！」小偉興致勃勃地拉着爸爸繼續參觀，去詳細了解恐龍的知識。

知識加加油 ❶

暴龍也叫霸王龍，是當時陸地上最強壯的肉食動物，被稱為「恐龍之王」。暴龍的後腿非常粗壯，只需一條腿就能托起一頭犀牛般大的動物。牠那強大的顎骨和鋒利的牙齒，能將獵物撕成碎片。

知識加加油 ❷

腕龍的脖子很長，牠抬頭時高度可達 12 米，差不多有 4 層樓那麼高，脖子的長度幾乎佔了身高的 3 分之 2。別以為牠們長得高就很威猛。腕龍的膽子很小，一看到兇猛的敵人，就會立刻跳進水裏躲起來。

大熊貓只吃竹子嗎？

老師帶着小朋友們到動物園參觀。看到可愛的大熊貓，大家都忍不住上前仔細觀察。

「老師，你看，大熊貓正在吃竹子呢！」虹虹很好奇。

老師笑着說：「竹子是大熊貓最喜歡的食物，牠們每天都要吃很多竹子呢！」

虹虹一聽，又有了疑問：「大熊貓是不是只吃竹子呢？牠們還吃其他東西嗎？」

老師回答道：「其實，大熊貓的食物不只是竹子，有時還吃肉。在很久以前，大熊貓是一種肉食動物。儘管後來大熊貓改吃竹子了，但牠們還保留着一些吃肉的習慣。在動物園裏，飼養員偶然也會給大熊貓餵食肉碎等。」

知識加加油 1

大熊貓很愛吃竹筍。春天，山林裏的竹筍從地下冒出來，大熊貓便開始忙碌起來，用爪把竹筍挖出來，美味地品嘗竹筍鮮美的味道。山腳的吃完了，牠們就會爬上山，繼續吃長在山腰和山頂的竹筍。

知識加加油 2

大熊貓寶寶剛出生時，只有小老鼠一般大小，粉嫩粉嫩的。大熊貓媽媽為了照顧寶寶，會把寶寶捧在手上，寸步不離。大熊貓寶寶到了兩個月大的時候，才開始長出黑白相間的毛，慢慢地變成我們平時看到的模樣。

為什麼斑馬長着黑白條紋？

小猴貝貝坐在斑馬飛飛的背上，為牠梳理着鬃毛。斑馬飛飛的身上都是一道黑一道白的條紋，小猴貝貝看久了，覺得眼睛都花了，不知不覺「撲通」一聲從斑馬背上掉了下來。

貝貝揉了揉屁股，不解地問：「飛飛，為什麼你身上長着這些黑白條紋？我看得頭好暈啊！」

飛飛解釋說：「我們祖先身上的皮毛顏色很深，還帶有淺色的斑點。在漫長的進化過程中，斑點漸漸地變成了條紋。這些黑白相間的條紋在陽光或月光下，吸收和反射的光線各不相同，從而使整個身體輪廓變得模糊不清。我們以此來躲避猛獸的視線，保護自己。」

知識加加油 1

科學家觀察發現，生活在草原上的斑馬很少像其他動物那樣，不停地搖晃自己的尾巴和頭部去驅趕蚊蠅。原來，斑馬的條紋有着分散蚊蠅注意力、防止被牠們叮咬的作用。

知識加加油 2

斑馬身上的條紋，也可用來識別同伴的標記。任何兩匹斑馬，身上的條紋都不可能完全相同。這方便了小斑馬從一大羣斑馬中找到自己的媽媽。

為什麼長頸鹿的脖子特別長？

上課時，老師向大家介紹了一種有趣的動物：「長頸鹿是世界上脖子最長的動物，牠的脖子有兩米長呢！」

「為什麼長頸鹿的脖子會那麼長呢？」林林迫切地想知道。

老師告訴大家：「長頸鹿祖先的脖子並不長，牠們靠吃地上的嫩草為生。

後來，因為地球的氣候發生了變化，地上的草無法填飽牠們的肚子。長頸鹿為了生存的需要，努力地伸長脖子，去吃樹上的嫩葉嫩枝。脖子短的長頸鹿，因為吃不到樹上的葉子而相繼餓死；脖子長的長頸鹿則憑藉身高的優勢頑強地活了下來，並把長脖子的優勢遺傳給下一代。所以，我們現在看到的長頸鹿，脖子都很長。」

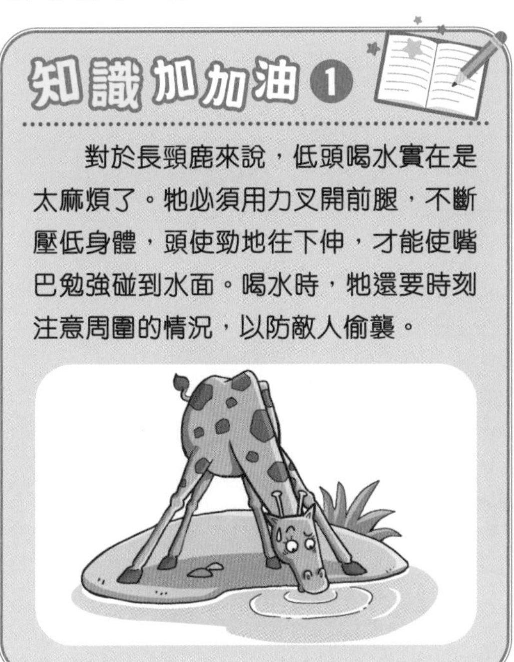

知識加加油 1

對於長頸鹿來說，低頭喝水實在是太麻煩了。牠必須用力叉開前腿，不斷壓低身體，頭使勁地往下伸，才能使嘴巴勉強碰到水面。喝水時，牠還要時刻注意周圍的情況，以防敵人偷襲。

知識加加油 2

長頸鹿媽媽是站着生寶寶的，所以長頸鹿寶寶出生時必須受到從高空摔落地面的考驗。剛出生的長頸鹿寶寶大約有兩米高，可稱為世界上最高的嬰兒。

為什麼大雁飛行時，要排成一字或人字形？

秋天來了，大雁往南飛。小言抬頭看見牠們一會兒排成「人」字形，一會兒排成「一」字形。

小言不明白，跑去問爸爸：「爸爸，為什麼大雁有時排成『人』字，有時排成『一』字？牠們想告訴我們什麼嗎？」

爸爸說：「大雁列隊遷徙是為了節省體力。大雁飛行時，翅膀尖端會產生一

知識加加油 ❶

每到秋天，大雁要飛到遙遠的南方去過冬，第二年春天再回來。牠們用什麼辦法來保證自己不迷路呢？據科學家研究，大雁是通過太陽的位置來確定飛行方向的。

股向前流動的氣流。如果有一隻大雁緊隨其後，就可以利用這股氣流來減少空氣的阻力，節省體力。雁羣飛行時排成『人』字或『一』字形，最能利用這股氣流。」

「嘩，大雁好聰明啊！」小言不禁讚歎道。

知識加加油 ❷

雁羣的行動非常有規律，有時會邊飛邊發出「嘎嘎（粵音加）」的叫聲，牠們用不同的叫聲來呼喚同伴，示意起飛和停歇。在夜晚休息時，還有大雁負責放哨，一有危險，放哨的大雁就會喚醒同伴趕快飛走。

為什麼小狗喜歡伸舌頭？

這天，小光去找好朋友小洋玩。中午天氣好熱啊，小光和小洋在外面玩了沒一會兒，就渾身冒汗。他們看到前面有一個亭子，趕緊進去歇腳避蔭。

亭子旁躺着一隻小狗，奇怪地伸出舌頭，還不停地喘氣。小洋看了看小狗，覺得很奇怪，問：「小光，小狗是不是渴了？牠為什麼總是伸出舌頭來？」

小光笑了，說：「小狗伸出舌頭不是渴，而是在散

發體內的熱量呢！」

原來，狗的身上沒有汗腺，不能像人一樣靠出汗來散發體內的熱量。在炎熱的夏天，為了適應酷熱的天氣，狗就伸出舌頭，這樣可以擴大散熱面積，及時排出體內的熱量。

知識加加油 ❶

貓狗的毛皮裏含有豐富的膽固醇和麥角固醇。這些膽固醇和麥角固醇，在陽光的照射下能生成維他命D。所以，貓狗經常舔毛皮不僅能保持身體的清潔衞生，還能補充維他命D。

知識加加油 ❷

貓用力搖動尾巴，表示「走開，否則我要抓你了」。但這一動作對於狗來說，是表示「我們一起玩吧」。貓和狗就是因為「語言不通」而經常打架。

為什麼貓在夜裏還能看清東西？

晚上，月亮躲進了厚厚的雲層裏。狡猾的老鼠從洞裏鑽出來，得意地盤算着：「哈哈，今夜黑漆漆沒有一絲亮光，那隻貓肯定看不見我，我可以放心地偷吃東西啦！」

老鼠溜進廚房，剛想跳上餐桌，貓突然撲了上來，一下就抓住了老鼠。

老鼠臨死前還想不明白：貓在漆黑的夜裏怎麼還能看見我呢？

原來，貓能在黑夜或昏暗的環境裏能看清東西，全靠牠那一對神奇的瞳孔。在昏暗的光線下，貓的瞳孔可以變得又圓又大，幾乎和眼球表面一般大小，能把微弱的光線都聚集起來，看清周圍的一切。

知識加加油 1

貓科動物一般都不喜歡吃甜食，這是為什麼呢？科學家在這些動物身上發現了一種功能有缺陷的基因，這種基因缺陷導致牠們無法感受到甜味。

知識加加油 2

貓在走進洞裏抓老鼠前，牠的鬍子會告訴自己這些洞能否進得去。如果鬍子觸到洞口的邊緣，就說明牠進不去；如果鬍子沒有碰到洞口的邊緣，說明牠可以通過。

為什麼馬要站着睡覺？

動物王國召開全體動物大會，每種動物派一名代表參加。夜晚，大家飽餐後就各自休息了。

到了半夜，獅子大王看到馬還站着，便走過去問：「這麼晚了，你為什麼還不睡覺呢？」

馬睜開眼，打了個哈欠說：「我在睡覺啊！」

獅子大王很是疑惑：「我看見你一直站着，怎麼說在睡覺呢？」

馬聽了，輕聲笑道：「我們馬都是站着睡覺的。」

原來，馬的祖先生活在草原上，那裏充滿危險，要時刻警惕敵人的追擊。馬站着睡覺，既可以方便遠眺，還能隨時逃跑。所以直到今天，馬一直保留着這個習性。

知識加加油 1

一般的馬與成年人的高度差不多。而產於蘇格蘭的歇特蘭小馬，長大後也只有 5 歲左右的小孩那麼高。在美國，這些小巧的馬被專門用來給兒童乘騎。

知識加加油 2

馬用耳朵來表達情感：豎起耳朵輕輕搖動，表示「我好開心」；耳朵前後左右不停地晃動，表示「我心情不好」；耳朵向兩邊下垂，並低下頭，表示「我想休息一下」；耳朵不停地晃動，頭抬起，表示「我好害怕」。

為什麼牛不吃東西時，嘴巴也在不停地咀嚼？

小兔和小牛一起到山坡上吃草。牠們美味地飽餐一頓後，來到山頂曬太陽。

小兔看見小牛的嘴巴還在不停地咀嚼，忍不住問：「小牛，你剛吃了青草，這麼快就餓了？」

小牛搖搖頭說：「我剛才吃得很飽了。」

「那你的嘴巴為什麼總在不停地動呢？」小兔覺得更奇怪了。

「哦，這是我們的習慣。我們在進食時，會把食物先放進胃裏。等到休息時，再把胃裏的食物倒回嘴裏慢慢嚼爛。」小牛解釋道，「不僅我們有這個習慣，小羊也有這樣的習慣呢！」

為什麼海鷗總是跟在船後面飛？

小圓第一次坐輪船出海旅行，心情特別興奮。她來到船尾，看到一羣海鷗總是跟在船尾飛翔。她大聲喊道：「爸爸，快看！有很多海鷗跟着我們一起旅行呢！」

小圓在電視上也看到過類似的情景。她好奇地問爸爸：「為什麼海鷗總是跟着輪船飛呢？」

爸爸說：「因為船向前行駛時，會產生一股上升的氣流，海鷗順着氣流飛就能大大節省體力。而且，輪船上不停旋轉的螺旋槳會把魚打暈，海鷗跟在後面，常常能輕易得到可口的美食。」

知識加加油

海鷗除了以海中的魚蝦為食糧外，還愛撿船上人們丟棄的食物吃，所以海鷗又有「海港清潔工」的美譽。在港口、碼頭、海灣、輪船的周圍，經常能看到海鷗撿吃食物的忙碌身影。

蝴蝶翅膀上的鱗片有什麼作用？

春天到了，一隻漂亮的蝴蝶在花叢中翩翩起舞。牠們的翅膀在陽光的照射下絢爛多彩，亮麗極了。

蜜蜂看着飛舞的蝴蝶，羨慕地說：「你們的翅膀真好看！」

一隻蝴蝶得意地說：「我們翅膀上的圖案是由許許多多彩色的小鱗片組成的。這

些小鱗片不僅讓我們看起來美麗非凡，還有大作用呢！」

蜜蜂很驚訝：「快說說有什麼大作用！」

蝴蝶說：「這些鱗片就像一件迷彩服，可以迷惑敵人。更重要的是，牠們還會吸收和散發熱量，使我們保持適宜的溫度。」

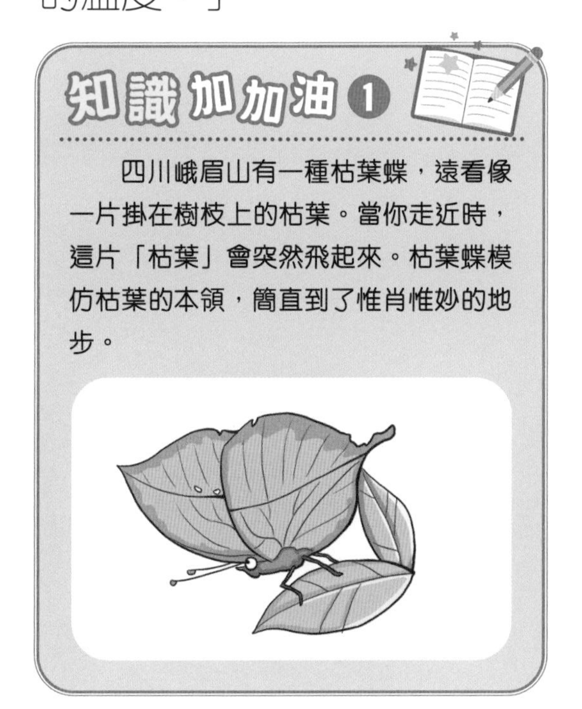

知識加加油 1

四川峨眉山有一種枯葉蝶，遠看像一片掛在樹枝上的枯葉。當你走近時，這片「枯葉」會突然飛起來。枯葉蝶模仿枯葉的本領，簡直到了惟肖惟妙的地步。

知識加加油 2

怎樣區分蝴蝶和飛蛾呢？蝴蝶色彩豔麗，飛蛾則渾身灰暗；蝴蝶的腹部細小，飛蛾的腹部粗大；蝴蝶喜歡在白天出來四處飛舞，而飛蛾則會等到天黑才會飛出來。

為什麼變色龍會變色？

變色龍有什麼本領呢？牠的名字叫變色龍，最大的本領當然是變色啦！

變色龍鑽進一簇大紅花中，咦，怎麼一轉眼就不見了？原來，牠變成了和花一樣的紅色，怪不得我們看不到了。

瞧，牠又藏進了樹葉裏，身上的顏色又開始變化，慢慢地變成了和樹葉一樣的綠色。

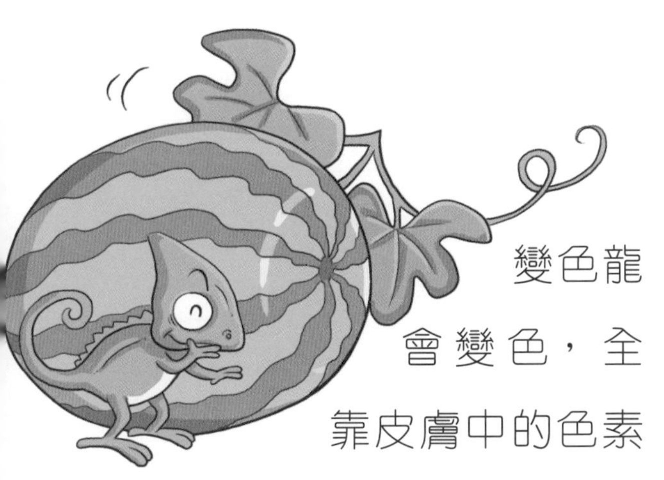

變色龍會變色，全靠皮膚中的色素細胞。牠的色素細胞具有紅、黃、棕、綠四種色素，這些色素可以隨光線、溫度、濕度以及情緒的變化使細胞擴張和收縮，從而改變顏色。比如，受到綠色的刺激，綠色素擴張，布滿整個細胞，這時變色龍就變成了綠色。

知識加加油 1

變色龍的動作非常緩慢，大多數情況下，牠會一動不動地趴在樹上。一旦發現可口的獵物，牠會快速地將舌頭彈出，黏住獵物後又捲回嘴裏細細品嘗。

知識加加油 2

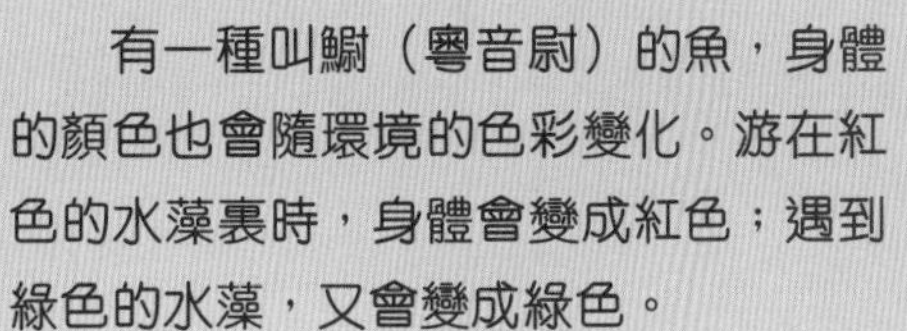

有一種叫鰨（粵音尉）的魚，身體的顏色也會隨環境的色彩變化。游在紅色的水藻裏時，身體會變成紅色；遇到綠色的水藻，又會變成綠色。

蜈蚣究竟有多少隻腳？

動物王國裏的動物們正在接受童軍訓練。夜半時分，緊急集合的哨子響了，猴子、兔子、大象等都迅速穿好衣服和鞋子到達操場，只有蜈蚣遲遲未到。

獅子教官在清點完學員後，問：「怎麼沒有看見蜈蚣？」猴子應道：「牠還在穿鞋子呢！」

獅子教官來到營帳，看見蜈蚣滿頭大汗地穿着一堆鞋子。蜈蚣身上密

密麻麻的腳，讓獅子教官看傻眼了。牠生氣地問：「你到底要花多少時間穿鞋子啊？」

蜈蚣小聲地回答：「都怪我腳太多。我有 42 隻腳，每天要花好長時間穿鞋子呢！」

知識加加油 1

動物界中腳最多的並不是蜈蚣，而是千足蟲。在北美洲的巴拿馬山谷，生長着世界上最大的千足蟲，身上有多於 690 隻腳呢！

知識加加油 2

蜈蚣的身體表面包裹着一層堅硬的皮，牠要長大就必須蛻掉舊皮。蜈蚣在蛻皮時會不斷地扭動身體，頭部最先從舊皮中蛻出來。由於新皮很柔嫩，蛻皮時，牠要設法避免被小蟲叮咬受傷。

為什麼說啄木鳥是「森林醫生」？

一天，小鴿子看見啄木鳥在敲擊大樹爺爺的樹幹，於是牠跟其他小鳥說：「啄木鳥是壞蛋！我親眼看到牠在啄大樹爺爺，還啄出了一個小洞呢！」

杜鵑告訴小鴿子：「你錯了，啄木鳥是在幫助大樹爺爺除害蟲呢！牠用嘴敲擊樹幹，是在尋找樹幹裏的害蟲，不是在傷害大樹爺爺。」

原來，啄木鳥通過敲擊樹幹時發出的「篤篤」聲來判斷是否有蛀蟲洞，並尋找害蟲躲藏的位置。然後，牠會伸出長長的舌頭，把樹洞裏的蟲子黏出來吃掉。因此，人們稱牠們為「森林醫生」。

知識加加油 1

啄木鳥的眼睛周圍長着長長的細毛，這是一種防身武器。啄木鳥在啄樹幹時，木屑會飛濺出來。這些細毛可避免木屑飛到眼睛裏，從而保護眼睛。

知識加加油 2

啄木鳥先生為了得到啄木鳥小姐的喜愛，會用嘴在空心樹幹上「篤篤篤」地敲打出有節奏的聲音，彷彿在向啄木鳥小姐彈奏琴曲，表達自己的愛意。

為什麼跳蚤
被稱為「跳高冠軍」？

動物們正在舉行跳高比賽，參加比賽的選手有小兔、青蛙和跳蚤。跳蚤是所有選手中個子最小的，大家都沒把牠放在眼裏。

小兔一跳就跳了一米高；青蛙也輕鬆地跳了一米高。觀眾席上發出一陣陣喝彩聲。最後，跳蚤出場了，牠奮力往上一跳……

「嘩，它跳了一米多高！」

觀眾們忍不住大聲尖叫，把最熱烈的掌聲送給了跳蚤。這個最不起眼的小選手，最後卻拿到了比賽的冠軍！

跳蚤跳過了比自己身高高出 200 倍的高度。如果跳蚤像人那麼高大的話，就可以一下跳高到 300 米以上。跳蚤的彈跳力這麼厲害，難怪有「跳高冠軍」的美譽！

知識加加油 ❶

跳蚤在起跳時，加速度可達每秒鐘 4 公里，就像手槍裏射出的子彈，「嗖」的一下就跳了出去。牠的承重力達到自身體重的 100 倍以上。人如果以這樣的速度起跳，只會瞬間粉身碎骨。

知識加加油 ❷

跳蚤會誘發一些皮膚病。牠寄生在一些寵物的毛髮裏，靠吸動物的血來維持生命。養寵物的小朋友，要記得時常給寵物洗澡、梳理，保持清潔衞生啊！

魚怎樣睜着眼睡覺呢？

在海底動物學校的一次考試中，小魚拿了倒數第一名。海馬老師覺得難以置信，於是去小魚家做家訪。海馬老師問小魚媽媽：「小魚每次上課都睜大眼睛看着黑板，但不知為什麼考試成績卻很差。」

小魚媽媽說：「小魚一定是在睡覺。」

聽了小魚媽媽的話，海馬老師一臉茫然，小魚媽媽解釋道：「我們魚類睡覺時，

眼睛也是睜着的。」

「原來是這樣，下次我記着多提醒小魚。」海馬老師告別了小魚媽媽。

魚和其他動物一樣，都需要睡眠和休息，只不過牠們沒有眼瞼，因此眼睛總是睜開着。當你發現魚缸裏的魚一動不動時，千萬別吵牠，牠可能正在睡覺呢！

知識加加油

非洲河流中生活着一種鯽（粵音即）魚，雌魚產卵後，會將受精卵全部吸進嘴裏，待一星期左右就能孵出小魚。在孵卵期，為了防止把孩子吞進肚子裏，雌魚幾乎不吃食物。

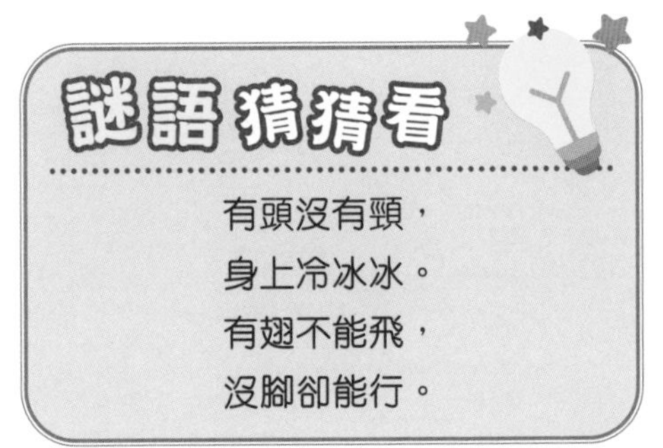

謎語猜猜看

有頭沒有頸，
身上冷冰冰。
有翅不能飛，
沒腳卻能行。

（謎底：魚）

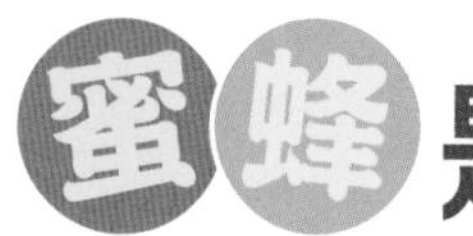是怎樣傳遞資訊的？

春天到了，百花盛開，小玲和媽媽來到郊外賞花。小玲看見一隻蜜蜂在花上嗅了嗅，就離開了。

「媽媽，為什麼蜜蜂不採蜜就飛走了呢？」小玲覺得奇怪。

「牠是回去告訴同伴，這裏有花蜜。」媽媽笑着說。

「蜜蜂不會說話，牠們怎麼傳遞資訊呢？」小玲覺得不可思議。

「蜜蜂用跳舞來傳遞資訊。」媽媽饒有趣味地告訴小玲，蜜蜂如何傳遞資訊。

蜜蜂用不同的舞姿傳遞不同的資訊。如果蜜源距離蜂巢 50 米以內，蜜蜂就以環狀飛行的舞姿告訴同伴；如果距離蜜源比較遠，牠就會扭動飛行，就像跳八字舞。其他蜜蜂接到資訊後，就會成羣結隊地朝蜜源飛去。

知識加加油 1

在蜜蜂王國裏，當新的蜂后誕生後，老蜂后就得離開蜂巢，帶着忠於自己的老工蜂部下，去尋找新的家園。正是通過這種方法，蜜蜂家族才能不斷繁衍後代，越來越興盛。

知識加加油 2

蜜蜂採蜜回來，不會立刻把蜜儲存到蜂巢裏，而是先餵給剛成為工蜂不久的內勤蜂。牠們還會把蜂蜜和花粉攪拌在一起，餵給剛出生的蜜蜂幼蟲吃。

為什麼蛇能吞下比自己的嘴還大的東西？

晚飯後，小華和爸爸一起看《動物世界》電視節目。當看到蛇張口吞下一隻巨大的蛋時，小華吃驚地張大了嘴巴，說：「蛇竟然能一口吞下比自己的嘴大很多的蛋，太不可思議了！」

爸爸向小華解釋道：「蛇的上下顎骨之間有能活動的方骨。吞食比嘴大的食物時，方骨會直立起來，嘴就可以張得很大。同時，蛇的左右下顎骨是用韌帶相連的，能使嘴向左右擴展，這樣，蛇就能吞食比它的嘴大得多的東西。而且蛇的胸部沒有胸骨，兩側的肋骨可以自由活動，吞下的大型食物也就能暢通無阻地進入到肚子裏。」

知識加加油 1

眼鏡蛇捕食時非常狡猾，常常躲在草叢裏，故意露出尾巴輕輕搖晃。老鼠或小鳥等以為是蚯蚓在蠕動，便放鬆了警戒。這時，眼鏡蛇就會猛撲過去，吞食牠們。

知識加加油 2

蛇是用舌頭來感知氣味的。當蛇把舌頭伸出來時，動物散發出來的氣味粒子會沾在牠的舌頭上。牠再把舌頭縮回到喉嚨附近的「氣味分析室」。經過氣味分析，牠就能判斷出獵物所在的方位。

為什麼熱帶魚穿着鮮豔的「外衣」？

海洋館裏最近來了一些新成員，牠們都是生活在深海裏的熱帶魚，紅的、黃的、綠的、藍的……色彩豔麗。老師帶着小朋友們在裏面參觀，大家都被漂亮的熱帶魚深深吸引住了。

君君問老師：「為什麼熱帶魚的顏色會這麼鮮豔呢？」

老師說：「熱帶魚生活在熱帶或亞熱帶的海洋中，那裏有許多鮮豔的珊瑚礁。熱帶魚一旦遇到敵人，就會躲進珊瑚礁裏隱藏起來。『外衣』與珊瑚的顏色很相似，牠們就不容易被敵人發現了。」

知識加加油 1

如果把熱帶魚養在魚缸裏，只用普通飼料餵養，時間久了，熱帶魚就會因營養不良使身體褪色。另外，因為魚缸裏缺乏陽光，時間一長，牠們的色彩也會越來越淡。

知識加加油 2

海裏的許多小魚自身沒有強大的武器，難以抵抗敵人的襲擊，如果分散活動，遇到強敵隨時都會被吃掉。只有成羣結隊地游在一起，依靠羣體的力量才能獲得逃生機會。因為大羣的魚聚在一起，容易讓敵人眼花繚亂，看不清捕獵的對象。

為什麼蜘蛛吐出來的絲不會黏住自己的腳？

有一隻蜘蛛正在屋簷下織網。突然，一隻蒼蠅撞到了這張蜘蛛網上，被黏住了。不論蒼蠅如何用力，都沒法掙脫蜘蛛網。這時，蜘蛛從網的另一端爬了過來，蒼蠅就這樣成了牠的大餐。

這一幕剛好被小豬看到了。牠感到很奇怪，上前問蜘蛛：「為什麼你的網能黏住蒼蠅，卻不會黏住自己的腳呢？」

蜘蛛笑着說：「因為我能吐出兩種不同的絲線，一種是有黏性的，另一種是沒有黏性的。我在網上活動時，會選擇沒有黏性的絲爬行。我的腳自然不會被絲黏住了！」

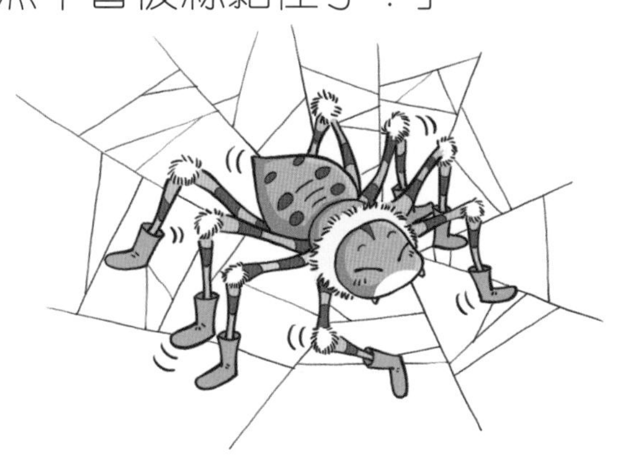

知識加加油 ❶

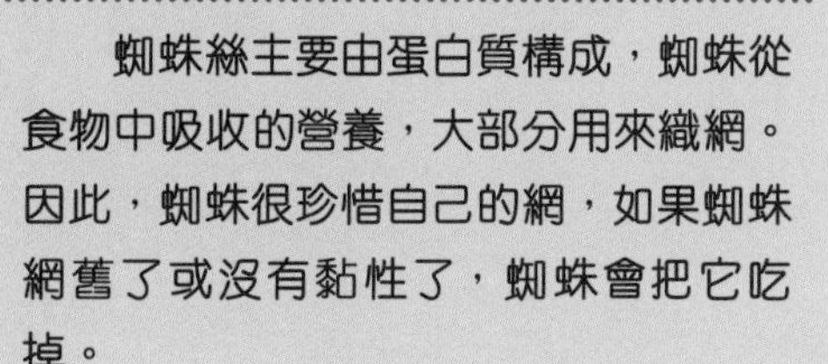

蜘蛛絲主要由蛋白質構成，蜘蛛從食物中吸收的營養，大部分用來織網。因此，蜘蛛很珍惜自己的網，如果蜘蛛網舊了或沒有黏性了，蜘蛛會把它吃掉。

知識加加油 ❷

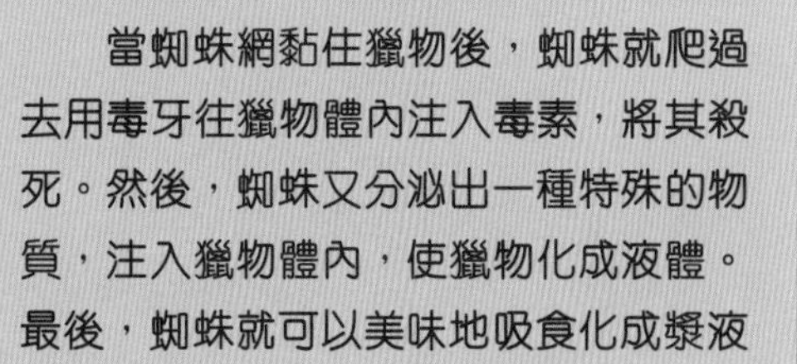

當蜘蛛網黏住獵物後，蜘蛛就爬過去用毒牙往獵物體內注入毒素，將其殺死。然後，蜘蛛又分泌出一種特殊的物質，注入獵物體內，使獵物化成液體。最後，蜘蛛就可以美味地吸食化成漿液的獵物了。

為什麼鴕鳥喜歡把頭貼在地面上？

貝貝和爸爸到野生動物園遊玩。他們坐在小火車上，穿過各個園區。

來到鴕鳥區時，貝貝發現一羣鴕鳥不時地把頭貼在地面上。

「爸爸，你瞧，鴕鳥們總是把頭貼在地面上。牠們是不是很膽小，很害羞啊？」貝貝不解地問。

爸爸笑笑說：「鴕鳥把頭貼在地面，是在尋找食物。有時遇到危險，牠們也會把頭貼在地面。牠們這樣做並不是因為害怕，而是為了辨別聲音的遠近，弄清敵人所在的方位。」

剛出生的小鴕鳥身上的羽毛是棕灰色的，這便於牠們藏身草叢，不容易被敵人發現。牠們的羽毛要換很多次，直到兩歲時，才會長出跟爸爸媽媽一樣的黑色羽毛。

知識加加油 2

當鴕鳥遇到敵人，來不及逃跑時，會把身體縮成一團，把長長的脖子平貼在地面上。遠遠看去就像草叢裏的石頭，從而達到隱蔽的目的。

鱷魚也會流淚嗎？

鱷魚和河馬是一對好朋友。這天，鱷魚提議：「我們一起到岸上玩遊戲吧！」

河馬點頭答應：「好啊！」

到了岸上沒多久，河馬發現鱷魚總是在不停地流淚。牠一臉擔心地問：「小鱷魚，你是不是哪裏不舒服啊？怎麼一直在流淚呢？」

鱷魚搖了搖頭，笑着說：「我們體內有許多多餘的鹽分，這些鹽分必須通過體內的一些特殊排泄腺才能排出體外，我身上的特殊排泄腺全都分布在眼睛四周。你看到我流淚，其實是我在排泄體內過多的鹽分。」

聽到這裏，河馬長長地舒了一口氣，說：「原來是這樣。我還擔心你生病了呢，還好只是虛驚一場。」

知識加加油 1

鱷魚的牙齒很尖，但不適宜咀嚼。為了讓吃進去的食物能夠消化，牠們會吞下一些小石子，通過這些小石子在胃裏的翻動來磨碎食物。當鱷魚沉入水底時，這些小石子還能讓牠們的身體保持平衡。

知識加加油 2

雌鱷魚有時會突然張開嘴，把出生不久的小鱷魚一隻隻吞進嘴裏。你可別緊張，這是鱷魚媽媽在保護小鱷魚呢！鱷魚媽媽的嘴就像一個特殊的「育兒袋」，在遇到危險時，就把小鱷魚放進嘴裏藏起來。

為什麼駱駝能在沙漠中行走自如？

小猴沙沙是個旅行家，牠準備去穿越沙漠。出發前，熊貓博士提醒沙沙：「沙漠裏經常刮沙塵暴，環境很惡劣。你要穿越沙漠，一定要去找駱駝。牠在沙漠中行走自如，能幫你克服沙漠旅程中的困難。」

沙沙搖搖頭，問：「沙漠乾旱缺水，沙塵滿天，駱駝靠什麼行走自如呢？」

熊貓博士解釋道：「駱駝被稱為『沙漠之舟』，除了牠的駝峯能貯存脂肪和水，牠身上還有三大法寶：第一，牠的腳掌很厚，巨大的腳趾使牠站得很穩，不會陷進沙裏；第二，牠的眼睛周圍長着濃密的睫毛，能遮擋強烈的陽光和巨大的風沙；第三，牠鼻孔的瓣膜可以開閉，能阻擋風沙的侵襲。」

知識加加油 ❶

在沙漠裏，經常連續幾天找不到水源，駱駝就靠背上的駝峯度過難關。那裏儲存着大量的脂肪和水分，在沒有食物時，牠們會逐漸轉化成養分，供牠慢慢吸收，不會饑渴。

知識加加油 ❷

目前，新疆野生雙峯駝的數量比大熊貓還少，是世界珍稀瀕危動物。由於人類的捕殺，野生雙峯駝一看到人便嚇得拚命逃跑，視人類為頭號敵人。

為什麼夏蟬總是叫個不停？

夏天的下午，氣候炎熱。小熊來到大樹旁，打算在樹蔭底下睡個美美的午覺。牠剛躺下，就聽到樹上傳來「知了——知了——」的叫聲。

小熊循着發出聲音的方向找去，發現樹上有一隻蟬，在拚命地叫個不停。小熊生氣地朝樹上吼道：「別再叫啦，

大家要午睡呢！」沒想到，
蟬聲更大更響亮了。

這時，樹上的一隻烏鴉對小熊說：「你別怪蟬，牠這麼大聲地叫，是為了求偶。」原來，雄蟬是通過聲音來吸引異性的。為了擊敗對手，獲得雌蟬的關注，雄蟬會沒完沒了地大聲鳴叫。

小熊這下全明白了。
牠只好換個地方睡覺啦！

天熱爬上樹梢，總愛大喊大叫。
明明事事不懂，偏說知道知道。

（謎底：蟬）

知識加加油

蟬以吮吸樹的汁液來獲得養分和水分。遇到敵人時，牠能快速排出體內的液體廢物，以便減輕體重，及時逃生。

為什麼鯨會噴水？

媽媽帶着童童乘坐郵輪去海上旅遊。海面上突然冒出一股白花花的水柱。站在遊輪甲板上的童童遠遠地看見了，忍不住大聲驚呼：「噴泉！」

媽媽聽見了，笑着說：「那不是噴泉，是鯨在噴水呢！」不一會兒，童童果然看到那頭噴水的鯨露出了水面。「鯨為什麼會噴水呢？」童童自然沒有放過向媽媽了解其中奧妙的好機會。

媽媽告訴童童，鯨是哺乳類動物，用肺呼吸，每隔 30 至 70 分鐘就需要露出水面換一次氣。鯨的鼻孔位於頭的頂部，牠浮出水面呼吸時，就會將鼻孔裏的海水和廢氣一起噴出，形成水柱，看起來就像噴泉一樣。

各種鯨類的噴潮

藍鯨

露脊鯨

座頭鯨

瓶鼻鯨

知識加加油

鯨的肋骨、胸骨都非常脆弱，一旦離開水，失去水的浮力，身體的巨大重量就會把牠脆弱的骨骼壓垮，心肺等內臟因此受到壓迫，而導致牠死亡。

為什麼寄居蟹住在海螺殼裏？

黃昏時，東東在爸爸的陪伴下來到沙灘玩耍。沙灘上有好多五顏六色的海螺殼。突然，一個紅色的大海螺殼吸引了東東的注意。瞧，它還在不斷地移動呢！東東好奇地走上前去，翻開海螺殼，發現裏面藏着一隻螃蟹。爸爸告訴東東，這是寄居蟹。

「寄居蟹為什麼要住在海螺殼裏呢？」

爸爸說：「寄居蟹沒有堅硬的外殼和有力的螯（粵音敖），牠的身體非常柔軟，容易成為其他海洋動物的美食。為了保護自己，寄居蟹就去尋找那些空的海螺殼作為自己的家，把這個殼當成自己的避風港。」

知識加加油 ❷

寄居蟹的「家」多種多樣，有海螺殼、貝殼、蝸牛殼。有些地方由於生態環境惡劣，寄居蟹甚至會用瓶蓋來充當自己的家。

知識加加油 ❶

當寄居蟹漸漸長大後，原來寄居的海螺殼太小了，牠就要尋找「新家」，寄居到更大的空殼裏。

蜜蜂螫人後會怎樣？

蜜蜂妹妹和蜜蜂姐姐一起在花園裏採蜜。「哎呀！」蜜蜂妹妹不小心撞上了一個「龐然大物」，一看，原來是一個小男孩在花叢中玩耍呢！

「可惡！」蜜蜂妹妹翹起尾部的刺針，準備朝小男孩衝過去。蜜蜂姐姐飛過來一手拉住牠說：「千萬別輕易去螫人，你會因此丟掉性命的！」

原來，蜜蜂尾部的這根刺連着內臟器官，尖端有好幾個小倒鈎。當刺螫進人的皮膚後，小倒鈎也會緊緊鈎住人的皮膚。蜜蜂如要用力拔出刺，牠的內臟也會一起被拉出來。這樣，蜜蜂很快就會死亡。

知識加加油 1

如果食物緊缺，蜜蜂們會採取裁減家族成員的方式來度過難關。雖然這種方式很殘忍，但只有這樣才能讓整個族羣生存延續下來。

知識加加油 2

一個蜂巢通常只有一隻蜂后。蜂后的體形相當於兩隻工蜂大小，壽命長達5至6年。蜂后的首要任務是繁衍後代，其次是維持家庭的生活秩序。

為什麼蚊子喜歡在人的頭頂上飛來飛去？

一個夏天的傍晚，小軒在家門口等好朋友小文，他們約好一起去打球。

小文一到就看見一羣蚊子在小軒的頭上盤旋。他嚇了一跳，大叫：「嘩，你頭頂上有這麼多蚊子在飛！」

他倆舉起雙手，「劈里啪啦」地驅趕了好一陣子。他們發現，蚊子很喜歡在人的頭頂上飛來飛去。這到底是怎麼回事呢？

原來，由於人的頭部工作量大，會產生很多熱量，這些熱量需要通過揮發汗液來散發。散發的汗液中含有大量水蒸氣、尿素、二氧化碳等物質，這些物質正好可以幫助蚊子尋找到吸血目標。所以，蚊子就愛繞着人的頭頂盤旋。

知識加加油 1

叮咬人的蚊子都是雌蚊子。因為人的血液裏含有能使蚊卵成熟的物質——膽固醇和維他命 B，而蚊子自身不能生成這些物質，需要從體外補充。

知識加加油 2

蚊子飛行的時候會發出「嗡嗡」聲。這聲音並不是從牠嘴巴或體內發出來的，而是牠振動翅膀時產生的。

為什麼兔子的耳朵特別長？

小動物們在玩捉迷藏，這次輪到小松鼠來找了。小松鼠發現草叢中有一對長長的耳朵，牠得意地大聲叫道：「哈哈，小兔子，我看到你的長耳朵了！」小兔子無奈地從草叢中鑽了出來。

松鼠問小兔子：「為什麼你的耳朵特別長呢？」

猴子從樹上跳下來，說：「我知道！長耳朵可以幫助兔子聽到微弱的聲音，還可以確定聲音來自什麼方向。」

兔子拍手道：「嗯，猴子答對了！我們的耳朵還有調節體溫、幫助身體散熱的作用呢！長長的耳朵中有許多血管，當耳朵周圍的空氣流動時，血液的溫度就不會隨氣溫升高，使身體保持涼爽。」

知識加加油 2

在中國東北，黑龍江省的大興安嶺，生活着一種變色雪兔。冬天時，雪兔除了耳尖和眼瞼周圍外，身體的其他部分都長滿白色長毛；到了春天，雪兔會換上黃色的短毛外套；秋天，雪兔的毛又變成了黃褐色。

知識加加油 1

兔子不高興時，會發出「咕咕」的叫聲。如果你在抱兔子時聽到牠在「咕咕」叫，那就趕緊放下吧，免得被牠抓破皮膚啊！

為什麼豬愛睡覺？

小白兔和小松鼠來找小豬玩。小白兔推了推小豬的身子，喊道：「小豬，起牀啦，我們一起去玩！」可是，小豬一動也不動。

小松鼠跳到小豬的牀上大聲喊：「起牀啦，太陽都曬到屁股了！」小豬翻了個身，懶懶地回應道：「我很眼睏，讓我再睡一會兒吧！」

山羊爺爺路過聽到了，笑着對小松鼠說：「小豬天生愛睡覺，你就別吵牠啦！」

原來，豬的大腦裏有一種物質，具有麻醉作用。在這種物質的刺激下，豬會經常處於昏昏欲睡的狀態；另外，豬還特別怕熱，不愛運動。所以，豬喜歡吃了睡，睡了吃。

知識加加油 1

豬是一種聰明的動物。牠經過訓練後，能像狗一樣掌握各種技巧和動作。牠還能擔任警衞工作，而且領會和掌握動作比狗還快。

知識加加油 2

在豬還沒有被人類馴化前，野豬總是用鼻子和嘴把泥土拱開，吃地下植物的塊根和塊莖。正是出於覓食和生存的需要，豬養成了拱土的習慣，即使後來被馴化成家豬，依然沒有改變這個習慣。

壁虎的尾巴斷了怎麼辦？

偉龍正在露台上看風景，突然發出了大聲的驚叫：「哎呀，媽媽快來呀！」媽媽聞聲，連忙跑去露台。原來，偉龍發現地上趴着一隻小壁虎。看到偉龍緊張的神情，媽媽抱住他，輕輕拍拍他的頭，說：「別害怕，壁虎是益蟲，沒有毒，不會傷害你。」

「壁虎的本領可大了，遇到敵人時，牠會自斷尾巴逃生。」媽媽懂的可不少。

偉龍低下頭說：「壁虎斷了尾巴，會死掉嗎？」

媽媽說：「別擔心。當壁虎的尾巴意外斷掉後，牠的身體會分泌出一種激素，沒過多久就能使尾巴重新長出來。」

「太好了，小小壁虎真厲害。」聽了媽媽一番話，偉龍終於輕鬆地笑了。

知識加加油 1

斷尾是壁虎的一種自衞手段。掉下來的那截尾巴由於裏面還有神經，能不停地動來動去，轉移敵人的注意力，從而達到逃生的目的。

知識加加油 2

壁虎擅長用舌頭捕食。一旦發現前方有蚊子，牠就會悄悄地爬到蚊子的背後，趁蚊子不注意，「咻」的一下吐出舌頭，把蚊子捲進嘴裏。

為什麼麻雀只會跳，不會走？

孔雀先生昂着頭，邁着矯健的步伐在森林裏散步。小麻雀看到了，非常羨慕。

「孔雀先生，你走路的姿勢真優雅，不像我只能一跳一跳的。」小麻雀說。

孔雀先生聽了，覺得奇怪：「為什麼你只能一跳一跳的呢？」

麻雀伸了伸牠細小的腿，說：「我們的腿很短，肌肉都集中在屁股和大腿上，大腿和小腿之間沒有關節，不能彎曲，因而不能走，只能快速頻繁地向前跳躍。」

孔雀先生聽完，笑着說：「每種動物都有自己的特點。你跳着走的樣子也很可愛啊！」

麻雀聽了，開心地笑了。

知識加加油

麻雀喜歡在有人類居住的地方活動，牠們生性活潑，膽大不怕人。牠們主要以穀子為食糧，當穀子成熟時，常常成羣結隊地飛向農田，掠食穀物。

問題考考你

「麻雀雖小」的下句是什麼，有什麼意思？

（答案：五臟俱全。比喻事物雖然細小，但內容卻很齊全。）

為什麼容易掉牙？

小鯊魚跟着媽媽學捕食。牠學着媽媽的方法，猛力一口咬住了一條小魚。小魚拚命掙扎，掙脫了小鯊魚的利牙逃走了。

小鯊魚哭着對媽媽說：「嗚嗚……我的牙齒被扯掉了兩顆呢！」鯊魚媽媽安慰牠：「鯊魚掉牙是正常的，我們一生至少要換上千顆牙呢！」

鯊魚捕食時，總是用鋒利的牙齒緊緊咬住獵物，然後使勁地甩動，把獵物身上的肉狠狠地撕扯下來，因而牙齒很容易鬆動。不過，當牠的前排牙齒鬆動脫落後，後排牙齒會向前移，填補到脫落牙齒的空缺位置上。

知識加加油 1

鯊魚的嗅覺非常靈敏，牠能在水中聞到很遠距離外的一丁點血腥味。因此，海中的動物一旦受傷，就很容易受到鯊魚的襲擊。

知識加加油 2

有些宴會中提供的魚翅，來自鯊魚的背鰭。鯊魚用背鰭來平衡身體，牠們若沒有了背鰭，就會因失去平衡而沉到海底餓死。

所以現在愛護動物的組織都呼籲拒吃魚翅。

為什麼蒼蠅喜歡把腳搓來搓去？

小螞蟻過生日，牠邀請小蝴蝶、小蜜蜂和小蒼蠅一起來參加生日聚會。

餐桌上擺滿了美味的食物，小蜜蜂、小蝴蝶已經急不及待地往嘴裏塞了。可是小蒼蠅沒有動，牠不慌不忙地把腳搓來搓去。

小螞蟻好奇地問：「小蒼蠅，你吃飯前一定要先搓一搓腳嗎？」

蒼蠅害羞地說：「我們沒有鼻子，味覺器官在腳上，見到任何東西都要用腳先嘗一嘗，所以，腳上常常會沾上很多雜物。如果不把這些雜物搓掉，不但會讓腳上的味覺器官失靈，還會影響我們飛行呢！」

知識加加油

澳洲人將一種可食用的蒼蠅視為「寵物」，這種蒼蠅身體大，整個軀體及翅膀呈優美的金黃色。牠們住在森林裏，以植物汁液為食糧，不帶任何病毒和細菌。

謎語猜猜看

頭戴綠帽子，
身穿黑袍子。
走路哼曲子，
停下搓鬍子。

（謎底：蒼蠅）

為什麼企鵝總是挺直身體走路？

星期天，爸爸帶着吉吉逛動物園。來到企鵝館，看到幾隻胖胖的企鵝慢慢地走着，吉吉開心地叫道：「爸爸，你看，企鵝走路搖搖擺擺的，真可愛！」

「你知道為什麼企鵝總是挺直身體走路嗎？」爸爸想考考吉吉。

嘿嘿，這可難不倒吉吉，他前兩天剛看過《動物世界》電視節目，上面有詳細的介紹。吉吉一本正經地回答：「企鵝的腿並不是和肚子連在一起，而是直接長在屁股上。這種身體結構使企鵝在陸地上行走時，必須把身體挺得筆直。」

「非常正確！」爸爸向吉吉豎起了拇指。

知識加加油 1

企鵝的外形看起來很光滑，所以很多人以為企鵝沒有羽毛。其實企鵝不但有羽毛，而且有厚厚密密的三層，只不過牠們的羽毛很短、很硬、很光亮，看起來像皮毛。

知識加加油 2

企鵝爸爸負責孵化小企鵝。牠們把蛋放在腳上，並用下腹的羽毛覆蓋在上面保暖。在兩個月的孵化期內，企鵝爸爸不吃也不走動，小心地呵護着放在腳背上的蛋。如果那些蛋掉到地上，南極寒冷的天氣會使蛋中的胚胎馬上凍死。

為什麼蟑螂死時大都六腳朝天？

媽媽在廚房的角落裏撒了一些殺滅蟑螂的藥後，效果真不錯，這兩天陸續發現了一些蟑螂的屍體。

秀秀仔細觀察蟑螂的屍體，發現了一個奇怪的現象：大多數蟑螂的屍體都是六腳朝天的。

爸爸告訴秀秀：「蟑螂用長在胸部的六隻腳撐起整個身軀。牠的背

部長着堅硬、厚重的翅膀；腹部則脆弱又輕巧。蟑螂快死的時候，神經系統失去了作用，腳逐漸沒了力氣，這時因為背重腹輕，便會翻過身來六腳朝天。背部着地後，牠抓不着支點，也支撐不起身體，便很難再翻身了。」

知識加加油 1

在美國德薩斯州布蘭諾市有一個蟑螂博物館。館內的蟑螂標本都被製作成卡通形象，非常新奇有趣。參觀者情不自禁地感歎：沒想到蟑螂也有可愛的一面。

知識加加油 2

蟑螂每天最常做的事，就是清洗自己的身體。牠用前足不停地把觸角移到嘴邊，用唾液將觸角、腳和尾巴等重要部位清理乾淨。雖然蟑螂喜歡清潔，但牠進食時有一個壞習慣，總是邊吃、邊吐、邊排泄，所以蟑螂會傳播疾病，人們要消滅牠。

冬眠時，刺蝟會不會餓死？

冬天快到了，小刺蝟準備冬眠了。牠向伙伴們一一告別：「我要去好好睡一覺。等到明年春天氣候回暖的時候，我再出來和大家一起玩。」

小老鼠很驚訝，問：「小刺蝟，你在冬天要睡這麼久，我真擔心你會肚餓。」

小刺蝟笑着搖搖頭說：「我們在冬眠前會吃很多東西，讓身體累積起脂肪，這些脂肪會轉化成能量。因此，在冬眠的四、五個月裏，我們即使不吃不喝，也有足夠的能量保證自己存活，不會被餓死。」

知識加加油 1

愛爾蘭的冰蛇，入冬後身子會凍在冰裏，直直的像一根硬邦邦的棍子，盤臥時像一個花環。當地人就把它當手杖或編成門簾遮擋寒風。

知識加加油 2

有的魚也會冬眠，如鯡魚、鰻魚和沙丁魚等。牠們常躲藏在水底的泥沙中冬眠，直到第二年春天才會醒來。

為什麼鴕鳥不會飛？

在非洲大草原上，有一隻小鴕鳥正伸長脖子，拍着翅膀。牠想飛上天空，可是拍了幾下都沒能飛起來。牠回到家，沮喪地問媽媽：「媽媽，我們也是鳥類，為什麼不能像其他鳥兒一樣在天空中自由飛翔呢？」

媽媽笑了笑，安慰道：「我們的體重大都有一百多公斤，這麼沉重的身體不容易飛起來。再加上我們現在已經

適應了大草原的環境，翅膀慢慢退化了，不能提供足夠的飛行動力，所以我們飛不起來。不過，我們雖然不能飛，卻是跑步健將啊！」

小鴕鳥想了想，說：「嗯，雖然不能在天空飛翔，但可以在草原上奔跑，也是一件愉快的事情啊！」

在草原上，其他動物不敢輕易攻擊鴕鳥。鴕鳥的兩條腿特別長，腳趾粗壯有力，能把獅子踢傷，其他動物就更不是鴕鳥的對手了。

與鴕鳥一樣不會飛的鳥還有企鵝。企鵝生活在海邊，時間久了，雙翅就漸漸退化成能划水的鰭，羽毛也逐漸變短，失去了飛行能力。

為什麼螃蟹煮熟後會變紅？

下班回家時，媽媽買了幾隻大螃蟹。「晚飯可以吃螃蟹了！」瑩瑩開心地在房間裏蹦蹦跳跳。

開飯了，一鍋熱騰騰的螃蟹端上桌。真香啊！瑩瑩急不及待地走到桌前，但突然驚叫道：「螃蟹青青的殼怎麼變成紅色了！媽媽，你給牠們染色了嗎？」

媽媽聽了大笑：「哈哈，我沒給牠們染色呀！螃蟹煮熟後就會變成紅色。」

原來，螃蟹的甲殼裏含有一種叫蝦紅素的色素細胞，平時它與別的色素細胞混在一起，無法顯出鮮紅的本色。可是經過烹煮後，別的色素都被破壞分解了，唯有蝦紅素不怕高温，所以螃蟹煮熟後就變成了紅色。

知識加加油 ❶

螃蟹是用鰓呼吸的，牠的鰓片能儲存許多水分，因此牠即使離開水域一段時間，也不會死掉。不過，牠在陸地上呼吸時，鰓裏的水分會和空氣一起被吐出，就是我們平時看到的蟹吐泡泡。

知識加加油 ❷

椰子蟹長着鋭利的鋸齒。牠經常爬到椰樹上用利齒把椰子鋸斷，讓果子掉落地面，然後爬下樹美味地享用椰肉。

人們常常利用椰子蟹的這一種專長讓牠「當義工」，為人們上樹摘椰子。

什麼大象用鼻子吸水不會被嗆着？

大象和小猴在玩遊戲。「好熱啊，我們休息一下吧！」小猴提議道。

大象看到不遠處有一個湖，便走過去用鼻子吸足了水，然後噴向小猴。小猴在水花裏手舞足蹈地玩水，開心極了。

「大象的長鼻子太有意思啦！」小猴說，「為什麼我用鼻子吸水會被嗆到，而你卻不會呢？」

大象甩甩鼻子說：「我的鼻腔結構比較特別。我的氣管和食道是相通的，在鼻腔連接食道的上方有一塊會自動開關的軟骨。當我用鼻子吸水時，軟骨會自動蓋住氣管，水就只能進入食道，所以不會被嗆到。」

知識加加油 1

大象分為非洲象和亞洲象兩大類。非洲象的象牙比較長，有的長達 3 米。亞洲象的象牙比較短，特別是亞洲母象的象牙，短得幾乎看不見，因此，很多人以為亞洲母象不長牙。

知識加加油 2

大象在臨死前會離開象羣，到樹林或水邊獨自生活，直到死亡。死後，屍體會很快被其他動物吃掉，骨頭也會被細菌腐蝕掉，不留下任何痕跡。所以，人們很難發現大象的屍體。

為什麼螢火蟲的尾巴會發光？

「哎呀，小螳螂不見了！」螳螂媽媽找了好久也沒找到自己的孩子，急得直掉眼淚，哭着說，「天黑了，這下更難找了！」

這時，一隻螢火蟲飛來了，安慰螳螂媽媽：「螳螂媽媽別着急，我們一起來幫你。」

說完，螢火蟲喊來了同伴。牠們的尾巴一閃一閃的，像一盞盞小燈。牠們在螳螂媽媽的前面飛呀飛，給螳螂媽媽照明指路。很快，牠們就在草堆裏發現了迷路的小螳螂。

為什麼螢火蟲的尾巴會發光呢？原來，牠們的尾巴裏有一種發光物，遇到氧氣就會閃亮。但這種光很弱，因此只有在夜晚才能看得見。

知識加加油 1

普通的螢火蟲以花粉和露水為食糧，有時也吃蝸牛。生活在北美的一種雌性螢火蟲卻與眾不同，牠們用閃光吸引來雄性螢火蟲後，就趁機吃掉對方。

知識加加油 2

螢火蟲的發光，並不是為了夜間照明，也不是為了漂亮，而是為了吸引異性，嚇退敵人，保護自己。

為什麼雞要吃小石子？

暑假時，莉莉來到鄉下祖母家玩。這天，她幫祖母去餵雞。

「來來來，快點來吃吧！」莉莉把飼料撒了下去。看到小雞們都來啄食，她開心極了。不過，小雞吃完飼料後，還在草地上啄小石子吃呢！

莉莉想不明白，問祖母：「祖母，小雞是不是沒吃飽才去吃小石子的？」

祖母笑着摸了摸莉莉的頭，說：「牠們吃小石子，是想利用小石子來磨碎胃裏的食物，幫助消化。」

原來，雞的胃就像個橡皮球，非常柔軟。當胃裏充滿了食物，食物與胃「軟碰軟」，很難完全消化。如果吃一些小石子，當胃蠕動時，小石子能幫助胃磨碎食物。

知識加加油

意大利的薩丁島有一種會產甜蛋的雞。這種雞喜歡吃當地島上的一種甜柳樹的葉子，甜柳樹的葉子含糖量高，雞吃後完全吸收了，產下的蛋就成了甜蛋。

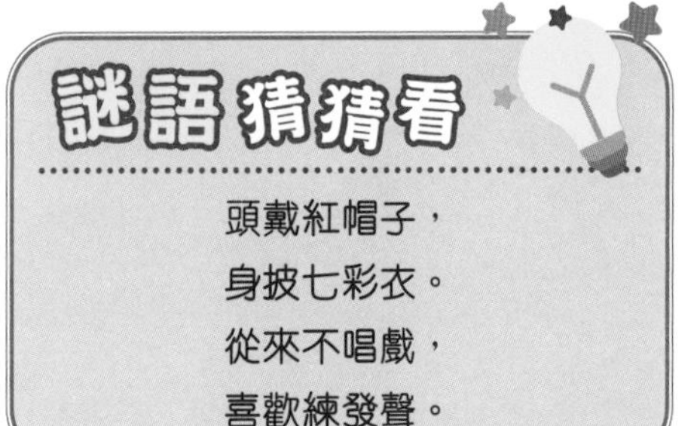

謎語猜猜看

頭戴紅帽子，
身披七彩衣。
從來不唱戲，
喜歡練發聲。

（謎底：公雞）

為什麼狗的鼻子特別靈敏？

小強看到電視節目中有一隻警犬，牠靠鼻子的靈敏嗅覺幫助警察叔叔破了案。他想測試一下家裏的小狗多多的鼻子是否一樣靈，他拿了一個叉燒包讓多多聞了一下，然後用袋子把叉燒包包好，藏了在櫃子後面。

多多左聞聞，右嗅嗅，沒一會就衝到櫃子後面大叫起來。小強讚歎：「小狗的鼻子

真靈！」他把叉燒包拿出來，獎給多多吃。

狗的嗅覺非常靈敏，因為狗鼻子上的黏膜有 2 億多個嗅覺細胞。嗅覺細胞數量越多，嗅覺越靈敏。此外，狗鼻子還經常分泌黏液，用來濕潤這些嗅覺細胞，使其保持高度的靈敏。

知識加加油 1

對狗來說，鼻子是最重要的身體器官之一，如果鼻子受到傷害，將會給牠的生活帶來極大不便。所以，狗特別愛護鼻子，睡覺時總愛把前爪放在鼻子上，小心地呵護着。

知識加加油 2

狗是由狼馴化而來的。生活在野外的狼看到有別的狼侵入自己的地盤，就會發出「噭噭」的聲音，並向對方發起攻擊，直到趕走對方。狗也保留着祖先的習性，見到陌生人就「汪汪」大叫，警告對方，也提醒主人。

為什麼鸚鵡能學人說話？

周末，傑傑去找琳琳玩。傑傑來到琳琳家，很有禮貌地敲敲門，裏面傳來了一聲「請進」。

傑傑推門進去，這時又傳來幾聲「你好，你好」的叫聲，卻不見琳琳的身影。

傑傑正納悶着，這時，琳琳走了進來。傑傑奇怪地問：「你不在，怎麼會有人說話呢？」

琳琳指着窗台上那隻鸚鵡說：「是牠在說話啊！」

傑傑驚奇地問：「鸚鵡為什麼會學人說話呢？」琳琳也不知道，於是去向爺爺請教。

爺爺告訴他們，鸚鵡的舌頭與人類的舌頭形狀相似，非常靈活。牠的鳴管外還有一層其他小鳥沒有的鳴肌，這塊肌肉可以伸縮，使鳴管顫動，就會發出各種聲音。

鸚鵡模仿人的聲音是一種條件反射，只是機械式地模仿而已，並不代表鸚鵡能說人話。

除了鸚鵡以外，會學人說話的還有八哥、百靈鳥、鷯哥等。一隻年輕的鷯哥只需一個星期，就能學會一句話。鷯哥除了能模仿人的聲音，還會學調，口齒清楚，惟肖惟妙，真正稱得上鳥中的「口技大師」。

為什麼黃鼠狼會放臭屁？

一個晴朗的日子，小黃鼠狼和爸爸來到森林裏。突然，天空飄過一片黑影，小黃鼠狼回頭看見一隻雄鷹朝自己俯衝下來，頓時嚇得兩腿發抖。

在這關鍵時刻，黃鼠狼爸爸跳了出來，屁股朝着雄鷹放出一股臭氣。「真臭啊！」雄鷹被熏得拍拍翅膀，趕緊

逃離。黃鼠狼爸爸趁機拉着小黃鼠狼逃走了。

到了安全的地方後，小黃鼠狼欽佩又驚訝地說：「爸爸，你太厲害啦！但為什麼我們會有這樣的技能呢？」

爸爸笑着說：「我們黃鼠狼的肛門附近有臭腺，臭腺能分泌具有惡臭的液體或臭氣，嚇退敵人。它可是我們的護身法寶呢！」

知識加加油 1

黃鼠狼的身體非常柔軟，可以穿過狹窄的細縫。無論鼠洞有多小，牠都能輕易地鑽進洞裏捕食老鼠。據估算，一隻黃鼠狼一年可消滅 1500 至 3200 隻老鼠，稱得上「捕鼠能手」了。

知識加加油 2

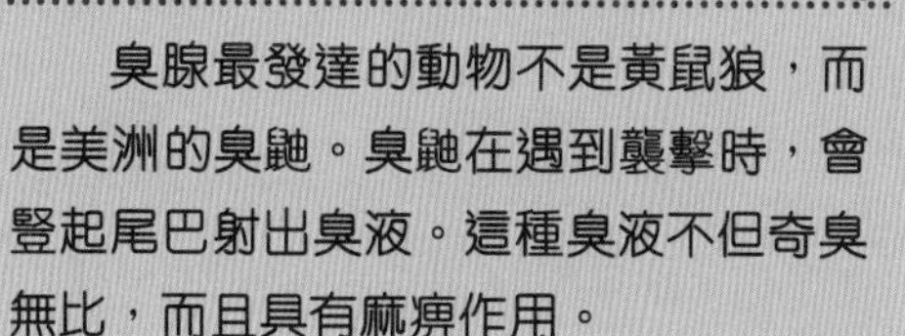

臭腺最發達的動物不是黃鼠狼，而是美洲的臭鼬。臭鼬在遇到襲擊時，會豎起尾巴射出臭液。這種臭液不但奇臭無比，而且具有麻痹作用。

為什麼老鼠愛咬木板？

穿山甲、鼴鼠和小老鼠是好朋友，牠們都住在地洞裏。一天，鼴鼠發現自家門上有一個大大的洞，穿山甲家的門上也是如此。

牠們一起來到小老鼠家，發現小老鼠正在客廳裏咬桌子。大家一下子明白了：那幾家的門都是被小老鼠咬破的。

穿山甲生氣地問：「小老鼠，你為什麼要咬壞我們的門？」

小老鼠委屈地解釋道：「我們老鼠的牙齒總在不停地生長。如果不用東西來磨牙，我們的牙齒就會越長越長，最後連嘴巴都合不上了。為了磨牙齒，我才咬了你們的門。」

「原來是這樣！」穿山甲和鼴鼠驚訝得說不上話了。

知識加加油

在非洲的坦桑尼亞，有一種火鼠。火鼠的脂肪含量非常高，可以燃燒。當地居民經常捕捉火鼠，並把牠們曬乾用作燃料。

謎語猜猜看

兩撇小鬍子，尖嘴尖牙齒。
賊頭又賊腦，夜晚幹壞事。

（謎底：老鼠）

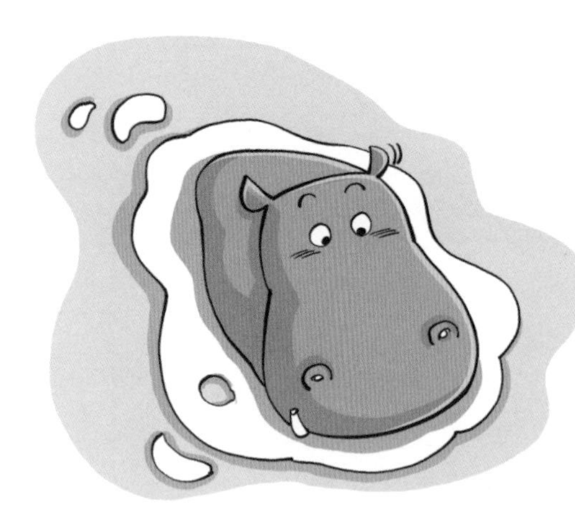

為什麼河馬的五官都長在頭頂？

大象在河裏玩水嬉戲。這時，一頭河馬遊過來對大象說：「我可以和你做朋友嗎？」

大象看了河馬一眼，回答道：「當然可以。可是你能告訴我嗎？為什麼你的鼻子、嘴巴、眼睛全都長在頭頂上呢？好奇怪啊！」

河馬笑着說：「我的五官都長在頭頂上，是為了適應水裏的生活呀！」

大象甩甩鼻子，沒有聽明白。

河馬走進河裏，說：「你看，我泡在水裏時，只要露出頭頂，我的耳朵、眼睛和鼻子也就露出了水面。這樣既能隱蔽自己，又能呼吸到新鮮空氣啦！」

知識加加油 1

雄河馬想要顯示自己的強大時，就會先跟其他雄河馬比誰的嘴大。如果這樣還決定不了勝負，牠們就開始打架。打架時，牠們用長長的利齒撕咬對方，一場決鬥下來，雙方都會傷痕累累。

知識加加油 2

夜晚，河馬大多在水面下度過。當河馬潛入水中時，牠們會閉塞鼻孔，垂下耳朵，以防進水。牠們會每隔幾分鐘浮出水面呼吸一下，然後再潛入水中，這一切都是在睡眠中自主完成的。

為什麼丹頂鶴常常單腿站立？

周末，爸爸帶城城去濕地公園參觀。他們來到湖邊，看見一羣丹頂鶴在歇息。

城城拉着爸爸問：「爸爸，你看，丹頂鶴怎麼都獨腳站立，牠的另一隻腳呢？」

爸爸笑着說：「丹頂鶴的另一隻腳縮在翅膀下面呢！」

城城更好奇了：「牠為什麼只用一隻腳站立呢？」

「丹頂鶴身上的羽毛能幫忙牠保持身體的溫度。但牠細長的腿不長毛，體內的熱量很容易從腿上散失。為了減少熱量散失，丹頂鶴在休息時經常抬起一隻腳，藏在暖乎乎的羽毛下面。」爸爸給城城作了詳細解釋。

「這個辦法真好！」城城不停地拍手讚歎。

知識加加油 1

丹頂鶴全身羽毛潔白，頭頂露出紅色的皮肉，就像戴着一頂小紅帽，因此才被稱為「丹頂鶴」。牠腿長、腳長、脖子長，飛翔和行走的姿勢都非常優雅，深得人們的喜愛。

知識加加油 2

在環境適宜的情況下，丹頂鶴的壽命長達 50 至 60 歲，這在鳥類中是比較長壽的。因此，丹頂鶴被人們視為長壽的象徵。

為什麼鴿子不會迷路？

小寶每天最喜歡的事，就是去鄰居張伯伯家看鴿子。張伯伯養了很多鴿子，那些鴿子每天都在樓頂飛來飛去，十分熱鬧。

一天，張伯伯一邊餵鴿子，一邊告訴小寶：「我養的一隻名叫『國王』的鴿子，參加了信鴿協會舉辦的信鴿比賽。牠在送信途中遇到了惡劣的天氣，但卻不怕困難，一直堅持把信送到目的地，贏得了第一名。」

小寶驚歎：「牠飛那麼遠，怎麼不會迷路呢？」

張伯伯笑着說：「呵呵，這裏可有大學問啊！」

原來，鴿子的大腦裏有一種可以辨別地球磁場的特殊物質，牠能通過感受南北磁場的變化，確定方向。

鯨是魚嗎？

美麗的珊瑚礁旁，一羣小魚在快樂地游來遊去。突然，一條鯊魚衝了過來，小魚們紛紛逃散。小鯨烈烈看到了，忙游過去，護在小魚面前說：「不准欺負牠們！」鯊魚見小鯨烈烈的身體比自己大得多，就害怕地落荒而逃了。

小魚們非常感謝小鯨烈烈，紛紛說：「烈烈，你真是一條勇敢的魚。」

烈烈不好意思地擺擺尾，說：「雖然我們鯨生活在水中，卻不是魚。我們用肺呼吸，而且是胎生的，我們是世界上最大的哺乳類動物。」

「真的嗎？」小魚們驚訝地瞪大了眼睛。不過，牠們仍然堅信地對烈烈說：「雖然你不是魚，但還是我們的好朋友！」

知識加加油 ❶

鯨生活在水裏，但牠仍然用肺呼吸，每隔一段時間就躍出水面換氣。剛出生的鯨寶寶還沒有學會躍出水面的本領，所以鯨媽媽會用嘴巴或背部把鯨寶寶托出水面，幫助牠們呼吸。

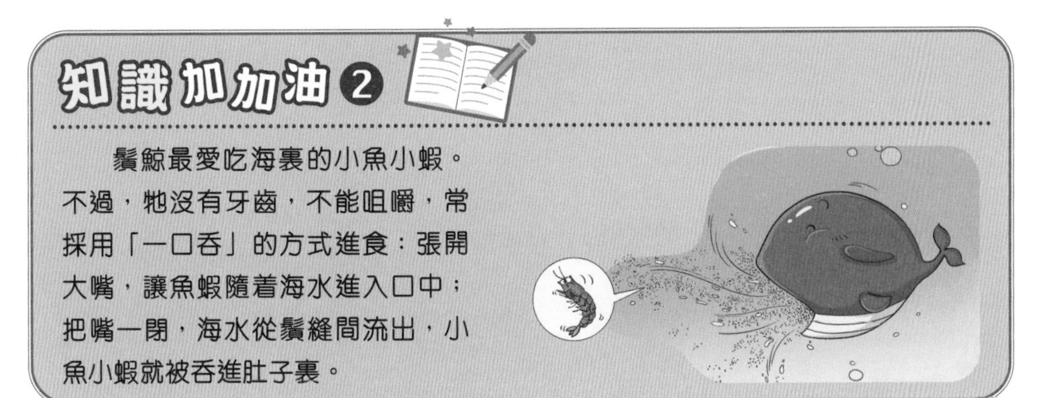

知識加加油 ❷

鬚鯨最愛吃海裏的小魚小蝦。不過，牠沒有牙齒，不能咀嚼，常採用「一口吞」的方式進食：張開大嘴，讓魚蝦隨着海水進入口中；把嘴一閉，海水從鬚縫間流出，小魚小蝦就被吞進肚子裏。

蚯蚓怎樣在土裏呼吸？

一天，鼴鼠在田裏挖洞造房子。這時，一條蚯蚓從土裏鑽出來，說：「鼴鼠大哥，以後我們做鄰居了！」

鼴鼠笑笑說：「蚯蚓老弟，我們一起到地面上呼吸呼吸新鮮空氣，聊聊天吧！」

蚯蚓為難地說：「我不能離開泥土，因為我只能呼吸泥土裏的空氣。」

原來，蚯蚓不能直接呼吸空氣，只能通過身體表面與外界進行氣體交換。蚯蚓的表面有層濕潤的薄膜，土裏的氧氣先在這層薄膜上溶解，再滲入到牠的體內。為了更好地呼吸，蚯蚓會不斷地分泌出黏液，保持表面濕潤。

知識加加油

蚯蚓以土壤中的動植物碎屑為食糧，經常在地下鑽洞，使水分和肥料易於滲入泥土，也令土壤疏鬆、肥沃。此外，蚯蚓的糞便是很好的有機肥料，有助於植物生長。

謎語猜猜看

兩頭尖尖相貌醜，
耳目手腳全沒有。
整天工作在地底，
直到下雨才露頭。

(謎底：蚯蚓)

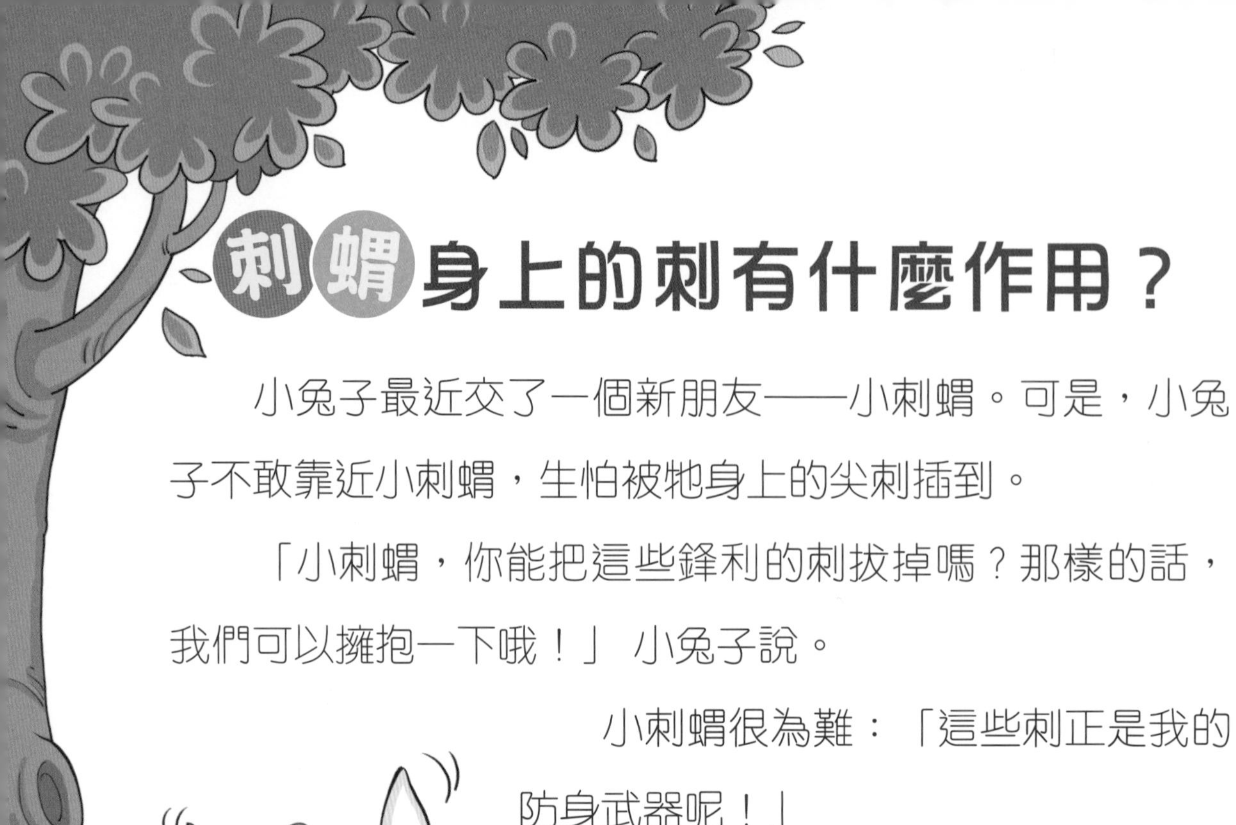

刺蝟身上的刺有什麼作用？

小兔子最近交了一個新朋友——小刺蝟。可是，小兔子不敢靠近小刺蝟，生怕被牠身上的尖刺插到。

「小刺蝟，你能把這些鋒利的刺拔掉嗎？那樣的話，我們可以擁抱一下哦！」小兔子說。

小刺蝟很為難：「這些刺正是我的防身武器呢！」

話沒說完，一隻狼從樹後跳了出來。小兔子迅速逃離，躲藏了起來。小刺蝟跑不快，眼看就要被捉住了。只見牠縮成一團，捲成一個刺球。狼看到這些尖刺不敢靠近，只好灰溜溜地走開了。

小兔子見了，忍不住拍手叫好：「小刺蝟，你的這身武器太厲害啦！」

知識加加油 ❶

一般的動物都拿刺蝟的尖刺沒有辦法。但是，黃鼠狼是刺蝟的天敵。黃鼠狼遇到刺蝟，會釋放出臭氣將刺蝟熏暈。在昏迷中，刺蝟蜷成一團的身體會逐漸放鬆，不知不覺就成了黃鼠狼的美食。

知識加加油 ❷

蘇格蘭尤伊斯特島上有很多刺蝟。因為牠們喜歡吃珍稀鳥類的蛋，當地政府發起了清除刺蝟運動。動物保護者對當地政府這個措施十分不滿，因此政府考慮各種情況後，想了一個辦法——捕捉刺蝟送到島外放生。

為什麼樹懶這麼懶？

勤勞的小蜜蜂一大早出門去採蜜。牠一直忙到中午太陽當頭照，才背着蜂蜜回家去，卻發現樹懶仍在樹上呼呼大睡。

小蜜蜂對着樹懶大喊：「起牀啦！」

樹懶睡眼惺忪地說：「我剛做了個美夢呢，讓我再睡一會兒吧！」

小蜜蜂說：「你真懶，整天都在睡懶覺！」

樹懶睜開眼睛，解釋道：「小蜜蜂，你誤會了。我們樹懶調節體温的能力很差，如果活動多了，會使體温升高。如果體温調節不過來，我們就會有生命危險。所以，我們不能多活動。」

「我明白了。你繼續睡吧，祝你做個好夢！」小蜜蜂不再吵樹懶，飛走了。

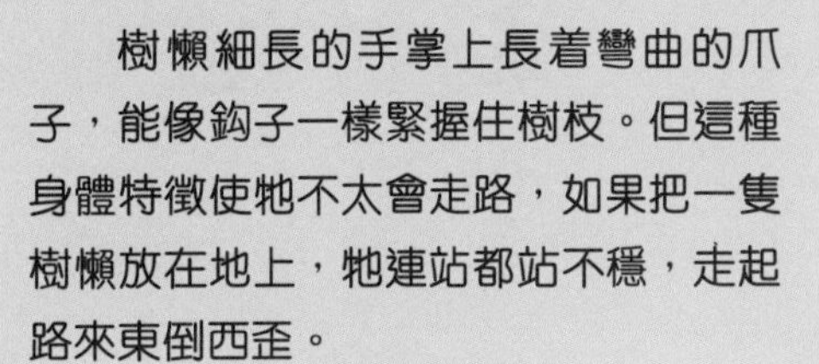

樹懶細長的手掌上長着彎曲的爪子，能像鈎子一樣緊握住樹枝。但這種身體特徵使牠不太會走路，如果把一隻樹懶放在地上，牠連站都站不穩，走起路來東倒西歪。

知識加加油 2

樹懶生活在南美洲茂密的熱帶森林中，以樹葉、嫩芽和果實為食糧。牠們以樹為家，吃飽了就倒掛在樹枝上睡覺，只有在排便時才下樹。

為什麼鴨子經常舔毛？

周末，亮亮一家來到池塘邊釣魚。這時，一羣小鴨子跟着鴨媽媽游過來，牠們在水裏一邊游一邊嬉戲，亮亮在岸上靜靜地觀察。

突然，亮亮發現了一個奇怪的現象：小鴨子經常用嘴去舔身上的羽毛，而且總是舔了尾巴，又舔身上的各個部位。

亮亮忍不住問爸爸：「爸爸，鴨子舔毛是為了清潔羽毛嗎？」

爸爸告訴亮亮：「鴨子的尾部有一層厚厚的油脂，鴨子是用嘴把這些油塗到自己身上。沾了油的羽毛在水裏不會濕，還會使鴨子遊得更輕快。」

謎語猜猜看

嘴像小鏟子，腳像小扇子。
走路左右擺，不愛擺架子。

（謎底：鴨子）

知識加加油

鴨子的腳趾間有一層使腳趾互相連接的皮，因而鴨掌看起來像船槳。有了這對「船槳」，鴨子划水的速度就快多了。

為什麼企鵝不怕冷？

小鴨和小雞相約一起去南極，探望好朋友小企鵝。南極真冷呀！小鴨和小雞穿着厚厚的羽絨服、大大的雪地靴，但還是凍得渾身哆嗦。

小企鵝把好朋友小鴨和小雞請進冰屋裏。小鴨一邊打噴嚏，一邊說：「好冷啊！」小雞看看渾身光溜溜的小企鵝，問：「小企鵝，你不怕冷嗎？」

小企鵝蹦蹦跳了兩下，說：「我一點都不冷，渾身暖和着呢！」

企鵝常年生活在冰天雪地的南極，適應了南極的天氣。牠們的羽毛看上去很短很光滑，但非常濃密，像厚厚的羽絨服，而且體內的脂肪也能幫助牠們很好地抵禦嚴寒。

知識加加油 1

小企鵝剛出生時，腳掌非常薄，不適宜在寒冷的冰面上行走。企鵝父母為了照顧孩子們，就把牠們放在自己的腳背上，用自己的體溫溫暖牠們，並為牠們遮擋南極肆虐的寒風。

知識加加油 2

全世界大約有 20 種企鵝，皇帝企鵝是其中最大的一種。皇帝企鵝直立時，身體相當於一個四、五歲兒童的身高。

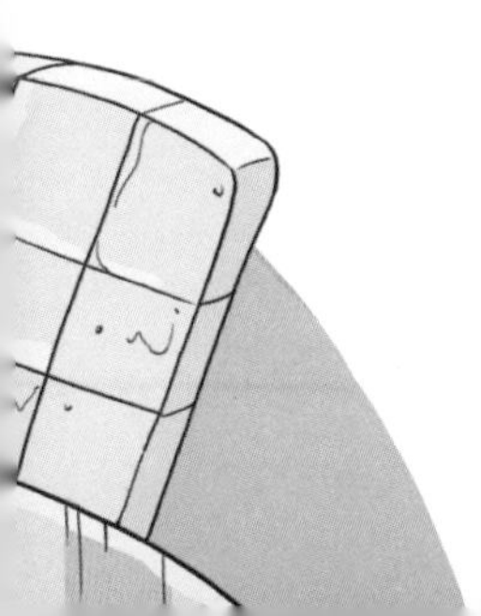

為什麼青蛙只吃活的蟲子？

小青蛙的生日馬上要到了，小鳥捉了很多蟲子，準備送給小青蛙。

小青蛙正在池塘的荷葉上唱歌。小鳥飛過去，把蟲子放在小青蛙面前，說：「小青蛙，這些蟲子是送給你的。」

「蟲子在哪裏？我沒看見啊！」小青蛙東張西望。

小鳥突然想起來：「啊，你只吃活蟲子。」

青蛙眼睛的結構非常特殊，對靜止的東西視而不見，對運動的物體卻非常敏感。所以，即使面對一堆死蟲子，青蛙也不會有任何反應。但如果有隻小飛蟲從眼前飛過，青蛙就會迅速跳起來，伸出舌頭，把蟲子捲進嘴裏。

知識加加油 1

青蛙可以用皮膚呼吸，喜歡陰涼潮濕的環境。雨後，空氣中的水分增加了，使青蛙的皮膚變得濕潤，青蛙因此顯得非常活躍，「呱呱呱」地大叫起來。

知識加加油 2

青蛙在吞食昆蟲時，眼睛會縮到頭顱裏面，使捕捉到的食物能順利地進入喉嚨。所以，青蛙在吞咽食物時，看起來好像在眨眼睛。

為什麼蜻蜓要點水？

一個夏天的傍晚，小雨和媽媽一起到公園散步。小雨發現，河面上有一隻蜻蜓在飛舞。牠用尾巴輕點水面，好像在跳水上芭蕾。

小雨興奮極了，說：「媽媽，蜻蜓也喜歡玩水呢！」

媽媽笑着說：「牠不是在玩水，牠是蜻蜓媽媽，在生小寶寶呢！」

蜻蜓是會飛的昆蟲，牠們的幼蟲卻要在水裏生活。為了繁衍後代，蜻蜓必須選擇有水的地方產卵。蜻蜓媽媽用尾巴點水的方法，把受精卵排到水中，讓卵附在水草上，不久便會孵化出幼蟲。

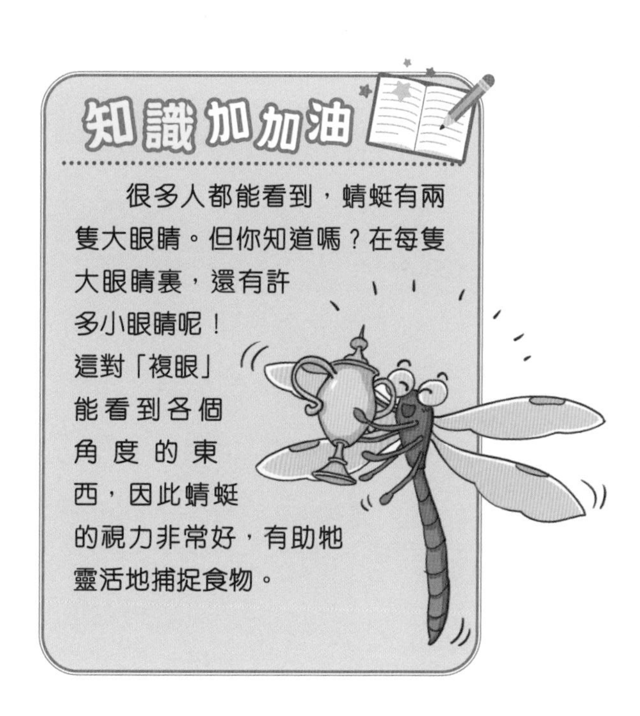

知識加加油

很多人都能看到，蜻蜓有兩隻大眼睛。但你知道嗎？在每隻大眼睛裏，還有許多小眼睛呢！這對「複眼」能看到各個角度的東西，因此蜻蜓的視力非常好，有助牠靈活地捕捉食物。

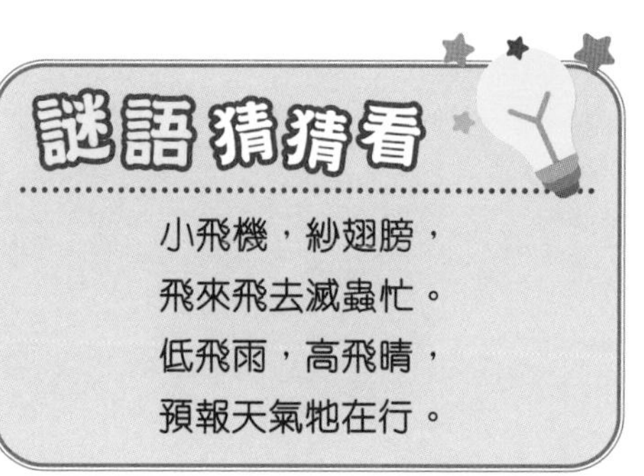

謎語猜猜看

小飛機，紗翅膀，
飛來飛去滅蟲忙。
低飛雨，高飛晴，
預報天氣牠在行。

（謎底：蜻蜓）

為什麼魚兒離不開水？

晶晶在河邊玩耍時，發現河灘上有一條活蹦亂跳的魚。晶晶把魚捧在手中，快速地跑到爸爸身邊，說：「爸爸，我撿到了一條魚！」

爸爸對晶晶說：「我們把魚放回河裏吧！牠一旦離開了水，很快就會死的。」

晶晶聽了，急忙跑到河灘邊，把手中的魚輕輕地放回了水裏。

爸爸欣慰地摸摸晶晶的頭，告訴她：「魚是靠鰓呼吸的，水可以讓魚的鰓絲一條一條地展開，水中的氧氣通過鰓絲上的毛細血管輸送到全身。如果沒有水，鰓絲不僅會黏在一起，還會因水分蒸發而變得乾燥，使魚失去呼吸功能，最終因缺氧而死亡。」

知識加加油 1

魚的身上有一層黏液，摸起來黏糊糊的。有了這層薄薄的黏液，寄生物就很難在魚的身上落腳了。此外，這層黏液還像潤滑劑一樣，可以減少魚的身體和水的摩擦。

知識加加油 2

彈塗魚棲息在濕地、海水或河口附近，可以長期在陸地生存。每當退潮時，牠會依靠胸鰭的肌肉，在泥土上爬行和跳動，到處尋找食物。

老鷹真的有「千里眼」嗎？

田鼠又想出去偷吃糧食了。牠抬頭看了看天空，沒有看見老鷹，便放心地跑進農地裏。「哈哈，伙伴們總是提醒我要當心老鷹，我才不怕呢！」田鼠很得意。

田鼠低下頭，不顧一切地開始啃吃農作物。這時，一隻老鷹「嗖」的俯衝下來。田鼠嚇得拚命逃跑，可沒跑幾步就被老鷹捉住了。

田鼠怎麼也想不明白：老鷹飛在高高的天空中，怎麼能看到我呢？

原來，鷹的視角非常寬闊。牠的眼球結構獨特，可以像望遠鏡一樣將物體放大數倍，就是相距上千米也能看得一清二楚。因此，人們把鷹稱為動物中的「千里眼」。

知識加加油 1

金鵰經過訓練後，可以幫助獵人捕捉野狼。金鵰在捕捉野狼時，先是對野狼進行長距離的追逐，等野狼疲憊不堪時就突然俯衝，用爪子抓住野狼的脖子和眼睛，使野狼失去反抗能力。

知識加加油 2

攝影師曾拍攝到一組令人震驚的照片：一隻狡猾的烏鴉為了節省力氣，竟然騎在一隻老鷹的背上翱翔天空，烏鴉的爪子緊緊地抓着老鷹的背部。

飛魚有翅膀嗎？

歡歡和媽媽坐船出海。她們站在輪船的甲板上欣賞着海上的風景。突然，幾條魚躍出海面，在空中滑翔了一段距離後又沉入海裏。歡歡叫道：「呀，會飛的魚！」

媽媽告訴歡歡，那是飛魚。

歡歡問：「飛魚是不是長着翅膀，所以才會飛呢？」

「那不是翅膀，是飛魚的胸鰭。」媽媽說。

原來，飛魚的胸鰭非常發達，能像鳥的翅膀一樣滑翔。飛魚出水前，先從水下向上快速遊動，接近海面時將胸鰭和腹鰭緊緊貼在身體的兩側，然後用強而有力的尾鰭左右急劇地擺動，使身體產生強大的衝力沖出水面。接着，飛魚張開胸鰭，迎着海面吹來的風滑翔飛行。

知識加加油 1

到了產卵的季節，飛魚媽媽會把卵產在海藻上。漁民利用飛魚的這一特性，用破漁網和草蓆來誘騙飛魚。飛魚媽媽以為是海藻，就把卵產在了那裏。

知識加加油 2

飛魚滑翔出水，大多是為了逃避金槍魚、劍魚等大型魚類的追逐，也有的是因為受到船隻的驚嚇。

為什麼蝸牛爬過的地方會留下一條白色痕跡？

小狗在花園裏散步，發現前面有一條白色的痕跡在陽光下閃閃發光。小狗用鼻子嗅了半天也沒有發現任何線索，最後決定跟着白色痕跡去尋找答案。

小狗走啊走，走到了白色痕跡的盡頭，看到一隻蝸牛正在緩慢爬行。

「哈哈，原來這條白色痕跡是你留下的啊！」小狗跑到蝸牛面前，笑着對牠說。

蝸牛探出腦袋，羞澀地說：「我們是靠腹部肌肉蠕動前進的。如果地面太乾，我們的腹部會分泌出一種『潤滑劑』。這些『潤滑劑』遇到空氣會迅速乾燥，就形成白色的痕跡。」

知識加加油 1

蝸牛的頭頂上長着兩對觸角。其中的一對大觸角，頂端有兩個黑黑的小圓點，這就是牠的眼睛。別以為蝸牛的眼睛長得高，就能望得遠，它只能看到幾厘米遠的地方，是個十足的「近視眼」。

知識加加油 2

蝸牛喜歡潮濕的環境。如果遇到特別寒冷或乾燥的時節，牠會採取休眠的辦法度過。休眠時，牠會分泌出一種黏液封閉殼口，把全身藏在殼裏。一直等到氣溫和濕度合適，蝸牛才會出來活動身體。

為什麼貓頭鷹喜歡睜一隻眼閉一隻眼？

一隻調皮的小老鼠正遭遇貓頭鷹的追捕。牠驚恐地躲進了一個樹洞裏，想等貓頭鷹飛走後再出去。

過了好久，小老鼠偷偷地把頭探出洞外察看情況，看到貓頭鷹閉着一隻眼睛，以為牠在打瞌睡，於是準備逃跑。沒想到才跑了幾步，小老鼠就被貓頭鷹捉住了。

小老鼠很不甘心地說：「我明明看你在打瞌睡嘛！」貓頭鷹笑着說：「我一直在盯着你呢！」

原來，貓頭鷹的兩隻眼睛分別由兩邊大腦控制，牠睜一隻眼閉一隻眼，是為了一邊打瞌睡來休息，一邊保持高度警惕。

知識加加油 ①

貓頭鷹的視力和聽力都非常好，牠是老鼠的天敵。老鼠是晚上出來活動的，而貓頭鷹晚上的視力和精神格外好。

知識加加油 ②

貓頭鷹的羽毛非常柔軟，翅膀上的羽絨像天鵝絨般濃密，因而貓頭鷹飛行時的聲波頻率很小。這很有利於牠在夜間捕食，一般哺乳類動物的耳朵都感覺不到那麼低的頻率。

天才孩子超愛問的十萬個為什麼

動物世界

作者：幼獅文化
繪圖：貝貝熊插畫工作室
責任編輯：黃楚雨
美術設計：劉麗萍
出版：園丁文化
香港英皇道 499 號北角工業大廈 18 樓
電話：(852) 2138 7998
傳真：(852) 2597 4003
電郵：info@dreamupbooks.com.hk
發行：香港聯合書刊物流有限公司
香港荃灣德士古道 220-248 號荃灣工業中心 16 樓
電話：(852) 2150 2100
傳真：(852) 2407 3062
電郵：info@suplogistics.com.hk
印刷：中華商務彩色印刷有限公司
香港新界大埔汀麗路 36 號
版次：二〇二二年五月初版
二〇二四年六月第三次印刷

ISBN: 978-988-76250-2-5
原書名：《好寶寶最愛問的小問號　十萬個為什麼　動物世界》

18/F, North Point Industrial Building, 499 King's Road, Hong Kong
Published in Hong Kong SAR, China
Printed in China